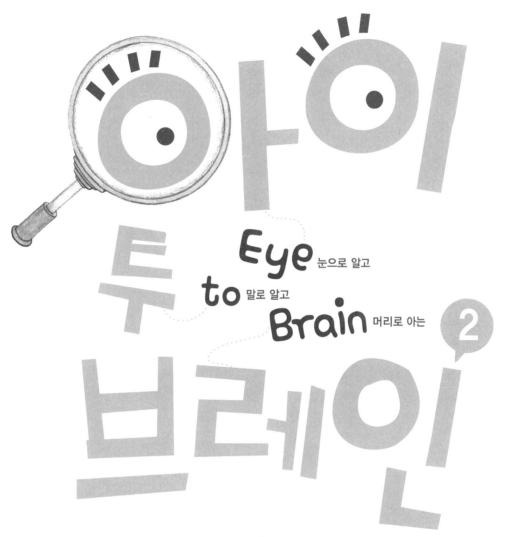

Eye 눈으로 알고
to 말로 알고
Brain 머리로 아는 ②

관련지어 생각하기

현북스

이렇게 활용하세요

1 이야기를 읽어요

탐돌이와 똘망이가 탐정 예비학교에서 겪는 모험 이야기가 이 책의 줄거리입니다. 탐돌이와 똘망이 앞에 펼쳐지는 흥미진진한 사건들을 그림과 함께 읽어 보세요. 이야기에 몰입할수록 주어진 상황과 문제에 쉽게 접근할 수 있습니다.

2 문제를 어떻게 해결하는지 살펴보아요

탐돌이와 똘망이가 주어진 문제를 어떻게 풀어 나가는지 살펴보세요. 이때 탐돌이와 똘망이가 하는 말이 문제 해결의 실마리입니다.

3 스스로 탐정 과제를 풀어요

본보기로 주어진 문제 뒤에는 탐정 과제가 따라옵니다. 앞에서 탐돌이와 똘망이가 문제를 어떻게 풀었는지 떠올리고 이를 적용해 탐정 과제를 풀어 보세요.

4 step 1－2－3으로 문제 해결 과정을 살펴보아요

아이투브레인 미션의 문제를 보고, 답을 찾아내기까지 생각의 과정을 짚어 본 다음, 이 과정을 말로 표현해 보세요. 눈으로 보고, 말로 표현하고, 머리로 따져 보며 답을 찾아내는 유추 과정이 아이투브레인 사고력의 핵심입니다.

5 지식 노트로 엄마와 함께 똑똑해져요

엄마 선생님을 위한 지식 노트로 각 미션의 주제에 대한 더 자세한 정보를 얻을 수 있습니다. 해당 미션의 주제가 왜 중요한지, 아이가 어떤 방법으로 이 주제를 익히거나 적용할 수 있는지 등을 알려 주는 페이지입니다.

아이투브레인 사고력 학습에 대해 궁금하신 점이 있으면
현북스 네이버 카페 cafe.naver.com/hyunbooks 에 들어오셔서 질문해 주세요.
엄마들이 아이투브레인 프로그램 개발진, 선생님들과 소통하는 공간입니다.

차 례

탐돌이와 똘망이는 탐정 예비학교에 다녀요.

탐정 예비학교에서는 재미있는 일들이 많이 벌어지지요.

도형의 섬에서 탐돌이와 똘망이는 흥미진진한 사건들을 해결하면서

꼼꼼하게 관찰하는 훈련을 했어요.

탐돌이

털털하고 덜렁거리지만

호기심 많고 용기 있는

탐정 예비학교 학생

똘망이

꼼꼼하고 차분하며

책 읽기와 일기 쓰기를 좋아하는

탐정 예비학교 학생

도형의 섬을 나온 탐돌이와 똘망이가
이번에는 하늘을 날아다니며 탐정 수업을 받기로 했어요.
어떤 일들이 기다리고 있을지 궁금하지 않나요?
자, 탐정 수업 두 번째 코스, 시작해 볼까요?

붕붕이
탐돌이와 똘망이를 어디든지
데려다 주는 자동차

머리빛나 선생님
탐돌이와 똘망이에게
이따금 과제를 주는
탐정 예비학교 선생님

나는 누구일까?

오늘은 탐정 예비학교 소풍날이에요.

어디로 소풍을 가느냐 하면, 바로 하늘!

탐돌이와 똘망이는 붕붕이를 타고

하늘로 휙 날아올랐어요.

그런데 우르르 쾅 소리가 나면서

웬 문이 탐돌이와 똘망이 앞을 툭 가로막았어요.

"나는 하늘 문이다. 너희는 누구냐? 네가 누구인지 설명해라!"

'나를 어떻게 설명한담?'
탐돌이와 똘망이는 곰곰이 생각했어요.

자기소개를 마친 탐돌이가 소리쳤어요.

"나는 꼬마 탐정 탐돌이다!"

그러자 탐돌이와 똘망이를 막아섰던 하늘 문이 드르륵 열렸어요.

주변에 있던 도형들도 달려와 자기소개를 했지요.

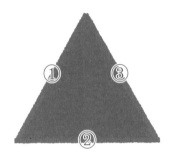

나는 세 개의 선분으로 이루어져 있고, 면은 파란색인 삼각형이야! 나도 들여보내 줘!

나는 네 개의 선분으로 이루어져 있고, 면은 초록색인 사각형이야! 나도 들여보내 줘!

나는 다섯 개의 선분으로 이루어져 있고, 면은 주황색인 오각형이야! 나도 들여보내 줘!

자기소개를 마친 도형 셋이 문 안으로 들어서자마자

문이 닫히려고 했어요.

"잠깐!"

이번에는 도형 친구 여섯이 문 안으로 들어오려고 했어요.

그림을 잘 보고 빈칸을 채우세요.

이번에는 문 세 개와 카드 병정들이 길을 막아섰어요.

카드 병정들의 몸에는 자기들이 지키는 문에 그려진 그림의 특성이 적혀 있었어요.

"빈칸을 채워야 이 문 안으로 들어갈 수 있다."

병정들이 말했어요.

비어 있는 카드 병정의 몸에 알맞은 말을 쓰세요.

문 안으로 몇 발짝 들어서자
공통점 터널이 나왔어요.
"으하하, 하늘 문을 잘 통과했군.
하지만 나를 통과하기는 쉽지 않을걸?"
카드 병정들의 몸에 있는 그림을 잘 살펴보고, 공통점을 찾아 빈칸에 쓰세요.

세 그림의
공통점은 모양이
_____ 이라는
거야.

step 1 〈보기〉를 잘 보고, 답을 찾아보세요.

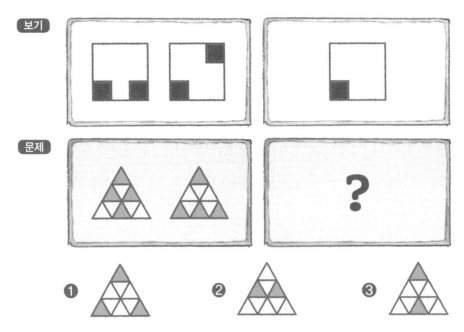

step 2 답을 찾아내기까지 생각의 과정을 꼼꼼하게 짚어 보아요.

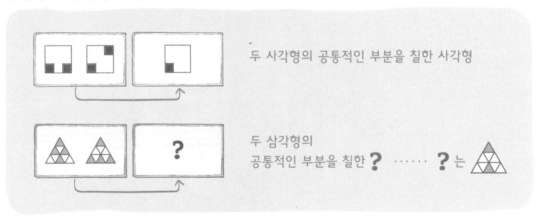

두 사각형의 공통적인 부분을 칠한 사각형

두 삼각형의
공통적인 부분을 칠한 **?** ...... **?** 는

step 3 위에서 정리한 내용을 말로 표현해 보세요.

〈보기〉 왼쪽에 있는 두 사각형의 공통적인 부분을 칠한 것이 오른쪽이에요.

〈문제〉의 빈칸에는 왼쪽 두 삼각형의 공통적인 부분을 칠한 삼각형이 와야 해요.

따라서 답은 (   )번이에요.

 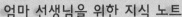

공통점 찾아내기

여러 사물 사이의 공통점이나 차이점을 찾아내려면 먼저 각각의 사물이 가진 특징을 알아야 합니다. 보름달과 단추와 반지의 공통점을 알아내기 위해 색깔과 모양을 보고, 구멍이 몇 개인지를 살펴본 것처럼요. 특히 도형의 모양이나 색깔, 크기 등을 비교하는 활동은 공통점을 찾아내는 좋은 훈련이 됩니다.

원이나 삼각형 같은 도형끼리 비교할 때는 주로 관찰을 통해 눈에 보이는 특징을 가지고 공통점과 차이점을 알아냅니다. 여기서 한 발 더 나아가면 용도나 기

능처럼 눈에 보이지 않는 특징도 비교할 수 있습니다. 보름달과 단추와 반지를 용도나 기능으로 비교한다면, 옷에 달아서 장식하는 단추와 손가락에 끼는 반지에 비해 밤하늘을 밝게 비추는 보름달은 단추나 반지와 공통점이 적다고 할 수 있겠지요.

머리빛나 선생님의 핵심 한 줄

도형이나 사물들 사이의 공통점을 찾으려면 모양, 색깔, 크기 등 세부 특징을 먼저 파악할 것

Mission 1
완료

다양하게 바꿔라, 바꿔!

탐돌이와 똘망이는 다시 길을 나섰어요.
그런데 이번에는 파란색 원이 슥 나타나
모여 있는 도형 셋을 가리키며 말했어요.
"이 도형들을 나랑 똑같이 만들어라!"
세 도형을 어떻게 바꿔야
파란색 원과 똑같아질까요?

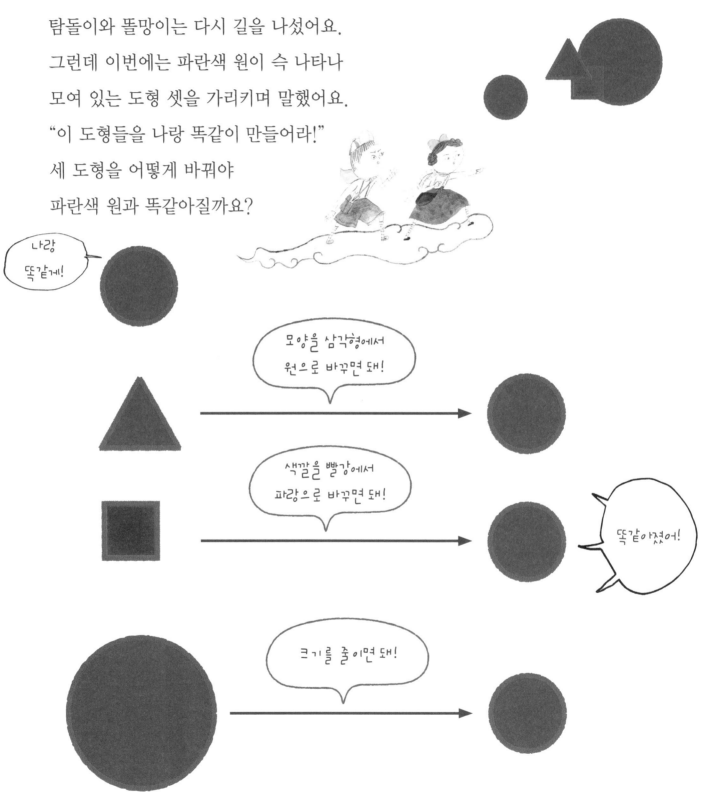

나랑 똑같게!

모양을 삼각형에서 원으로 바꾸면 돼!

색깔을 빨강에서 파랑으로 바꾸면 돼!

똑같아졌어!

크기를 줄이면 돼!

14

왼쪽에 있는 도형을 오른쪽에 있는 도형과 똑같게 만들려면
무엇을 어떻게 바꿔야 할지 빈칸에 써 보세요.

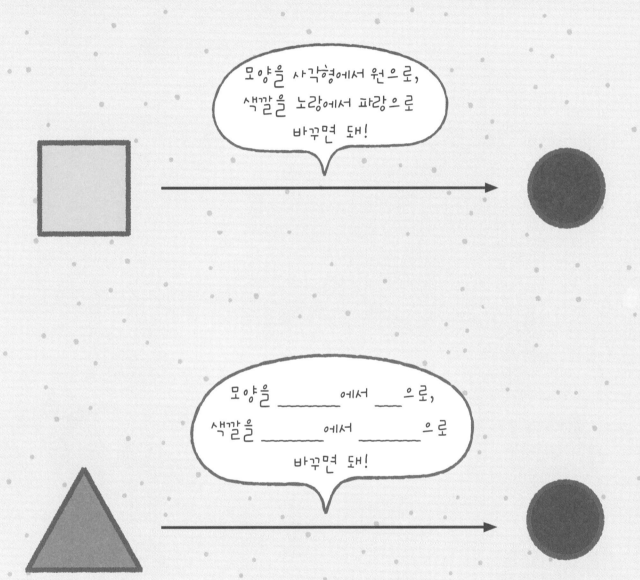

"어, 이건 뭐지?"

탐돌이가 길에서 종이 한 장을 주웠어요.

종이에는 '똑같이 만들어 내는 기계'라고 쓰여 있고,

기계를 만드는 방법이 그려져 있었어요.

"우리 한번 시험해 볼까?"

16

"이게 뭐야! 똑같이 만들어 낸다더니, 다 다르잖아!"

탐돌이의 눈이 휘둥그레졌어요.

"우리가 뭔가 잘못했나 봐.

그런데 완전히 똑같이 나오지는 않았지만, 어떤 규칙이 있는 것 같아."

똘망이가 기계 앞으로 다가가 찬찬히 살펴보았어요.

기계에서 나온 도형들을 잘 살펴보고 빈칸을 채우세요.

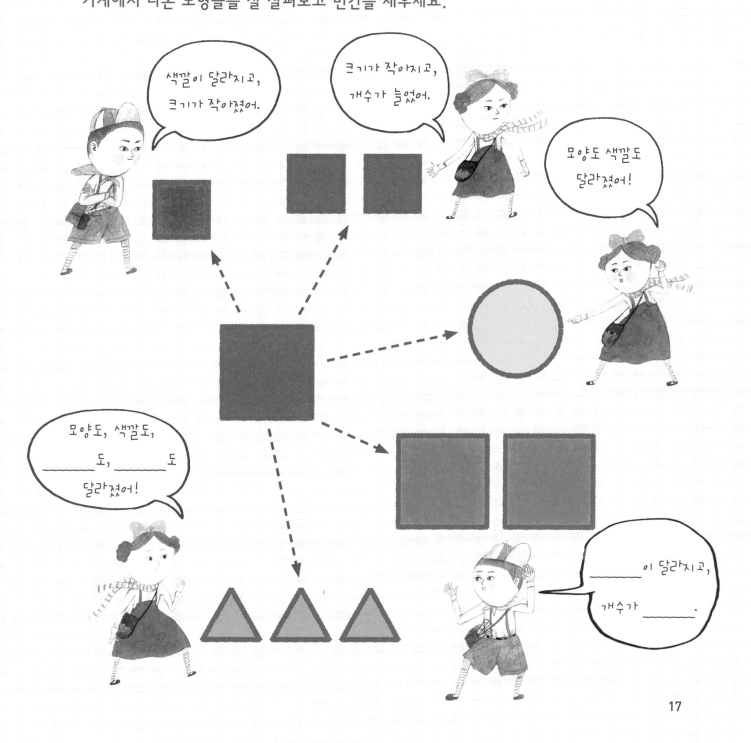

탐돌이와 똘망이는 다시 붕붕이를 타고 하늘을 날아올랐어요.

"꺅! 저기 봐. 나무 인형들이야.

야호! 우리가 인형 마을에 왔어."

하늘을 날던 탐돌이가 소리쳤어요.

인형 마을에서는 지금 축제가 한창이에요.

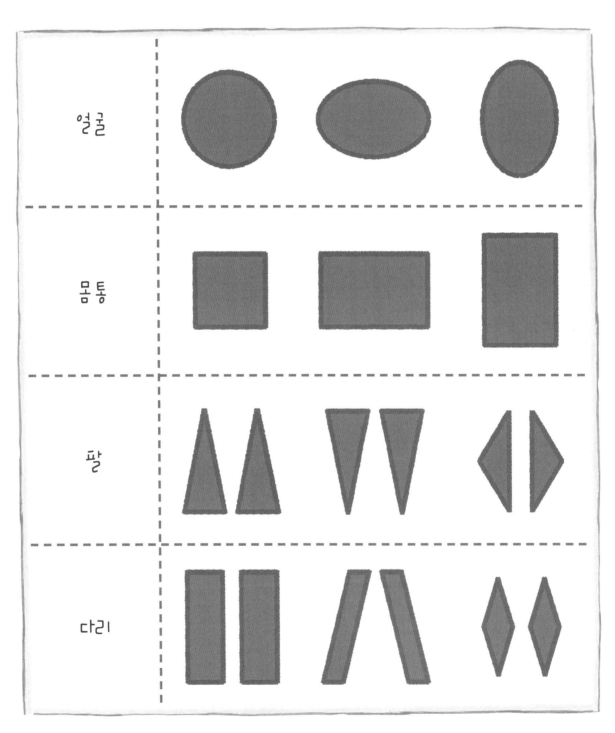

"그런데 얼굴, 몸통, 팔, 다리……, 인형을 만들 수 있는 재료들이 있어."

탐돌이가 중얼거렸어요.

"인형을 만들어 보자!"

똘망이가 신이 나서 소리쳤어요.

붙임 딱지로 나만의 인형을 만들어 보세요.

탐돌이는 인형 마을 구석구석을 살펴보았어요.

학교에서는 아이들이

〈딸기는 왜 빨개졌을까〉라는 책을 읽고 있네요.

옛날 옛날 딸기 마을에 하얀 딸기가 살고 있었어요. 하얀 딸기는 인형을 좋아해 날마다 가지고 다녔지요. 그런데 어느 날 딸기 마을에 장난꾸러기 침입자가 나타났어요. 침입자는 하얀 딸기 몰래 인형을 숨겨 버렸어요. 화가 머리 끝까지 난 하얀 딸기는 얼굴이 붉으락푸르락했어요. 그러다 그만 빨갛게 변하고 말았지요. 그런데 그 장난꾸러기 침입자가 바로 옆 토마토 마을과 사과 마을에도 놀러 갔었대요!

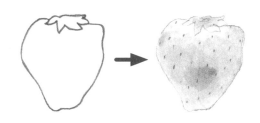

옆 마을 하얀 토마토도

빨갛게 변했어요.

하얀 사과는 어떻게 변했을까요?

20

"누구 마음대로 인형 마을까지 놀러 간 거야?"

머리빛나 선생님은 탐돌이와 똘망이를 나무랐어요.

"벌칙이다. 쿠키를 구워 하늘에 사는 친구들에게 나누어 주어라."

탐돌이와 똘망이는 하늘 요리방에 들어갔어요.

어떤 모양과 색깔로 만들어야 오른쪽 쿠키가 나올지 선으로 연결하세요.

탐돌이와 똘망이가 쿠키를 가지고 밖으로 나가려는데
하늘 요리방 문이 열리지 않았어요.
똘망이가 요리방 주변을 둘러보니 두 가지 모양의 창문이 있었어요.
그리고 두 창문의 모양이 바뀌고 있었지요.
"음, 창문 모양에 힌트가 있는 게 아닐까?"
문을 열려면 창문이 바뀌는 규칙을 알아내야 해요.

"알았다! 창문의 크기가 작아지고, 개수는 늘어났어."
똘망이가 말했어요.

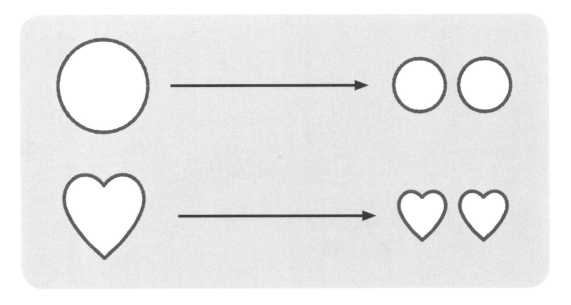

겨우 창문의 규칙을 알아냈더니, 이번에는 문고리가 말썽이에요.

잡았다 하면 자꾸 휙 미끄러지면서 모양과 색깔이 바뀌는 거예요.

문고리가 바뀌는 규칙을 말해 보고,

규칙에 따라 바뀐 모습을 빈칸에 그리세요.

아이투브레인 Mission 2

step 1 〈보기〉를 잘 보고, 답을 찾아보세요.

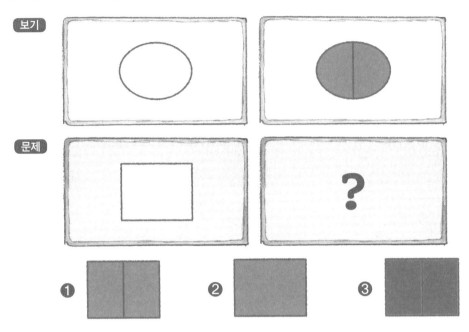

step 2 답을 찾아내기까지 생각의 과정을 꼼꼼하게 짚어 보아요.

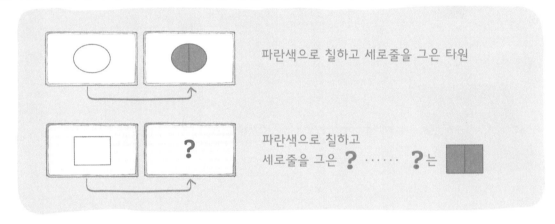

step 3 위에서 정리한 내용을 말로 표현해 보세요.

〈보기〉 왼쪽의 타원에 파란색으로 칠하고 세로줄을 그은 것이 오른쪽이에요.

〈문제〉의 빈칸에는 왼쪽 직사각형에 파란색으로 칠하고 세로줄을 그은 것이 와야 해요.

따라서 답은 (   )번이에요.

 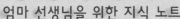

여러 각도로 도형 바꾸기

도형은 모양, 색깔, 크기 등 여러 속성을 가지고 있습니다. 이러한 속성 가운데 하나라도 바뀌면 이전의 도형과는 다른 도형이 됩니다. 예를 들어 똑같은 파란색 원이라고 해도 하나는 크고, 하나는 작다면 두 도형은 다른 도형이지요. 또 모양, 색깔, 크기가 같은 정사각형 둘 중 하나에 세로줄만 그어도 두 도형은 다른 도형이 됩니다.

이렇게 속성이 다른 두 도형을 나란히 두고 어떻게 바꾸어야 같은 도형이 될지 파악하는 것은 유아에게 어려울 수 있습니다. 모양도 색깔도 다른 두 도형을 놓고 바뀐 과정을 알아내려면 두 단계나 유추를 해야 하니까요. 따라서 처음에는 모양이든 색깔이든 하나만 다른 도형을 놓고 같은 도형으로 만드는 연습부터 시작하세요.

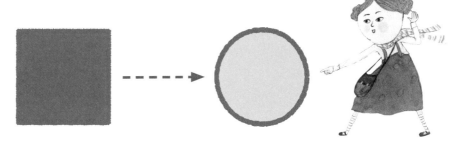

머리빛나 선생님의 핵심 한 줄

서로 다른 도형을 똑같게 만들려면 색깔이나 모양 등 특징을 하나씩 차근차근 비교할 것

Mission 2
완료

똑같은 것을 찾아라!

"맛있는 쿠키를 주었으니, 나도 선물을 주지.

이건 비밀인데, 하늘 사람들만 아는 하늘 연못이 있어.

거기 가면 신 나는 일들이 벌어질 거야."

탐돌이와 똘망이는 붕붕이를 타고 하늘 연못을 향해 갔어요.

빵빵!

뒤를 보니 자동차들이 여러 대 있었어요.

붕붕이처럼 하늘 연못에 가는 길인가 봐요.

가만 보니 붕붕이랑 똑같이 생긴 자동차도 있어요.

붕붕이와 똑같은 자동차를 찾아 ◯ 하세요.

붕붕이랑 똑같은 자동차를 찾아내자

트렁크가 벌컥 열리면서 낚싯대가 여러 개 나왔어요.

붕붕이의 트렁크에는 낚싯대가 딱 하나 있는데 말이에요.

붕붕이와 완벽하게 같으려면 차 속에 있는 낚싯대도 같아야겠지요?

붕붕이의 트렁크 안에 있는 것과 같은 낚싯대를 찾아 ◯ 하세요.

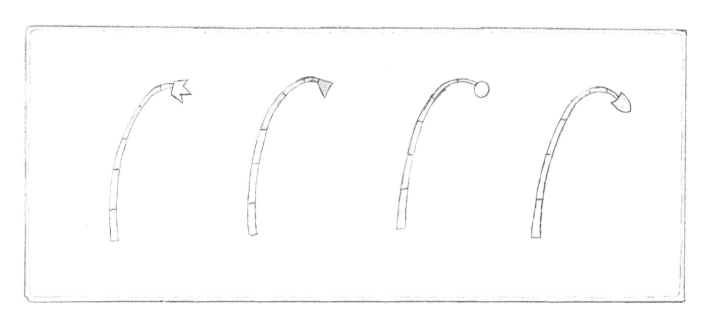

탐돌이와 똘망이는 드디어 하늘 연못에 도착했어요.

"물고기를 잡아 볼까?"

그런데 이상한 일이 벌어졌어요.

계속 같은 모습의 물고기만 잡히는 거예요.

탐돌이와 똘망이가 잡은 물고기를 찾아 ◯ 하세요.

그때, 탐돌이와 똘망이 옆으로 카드 병정 둘이 다가왔어요.

"다른 친구들은 짝을 맞춰서 놀러 갔는데, 우리만 못 갔어.

우리도 짝꿍으로 만들어 줄래?"

두 카드 병정을 짝꿍이 되게 하려면

서로 다른 곳을 찾아 똑같이 바꿔야 해요.

어디가 다른지 찾아 말해 보세요.

곧 다른 카드 병정들이 둘씩 찾아왔어요.

"소문 듣고 왔어.

우리도 똑같이 좀 만들어 줘."

발 없는 말이 천 리를 간다더니, 소식이 정말 빠르죠?

둘씩 짝을 이룬 카드 병정들의 서로 다른 곳을 찾아 ○ 하세요.

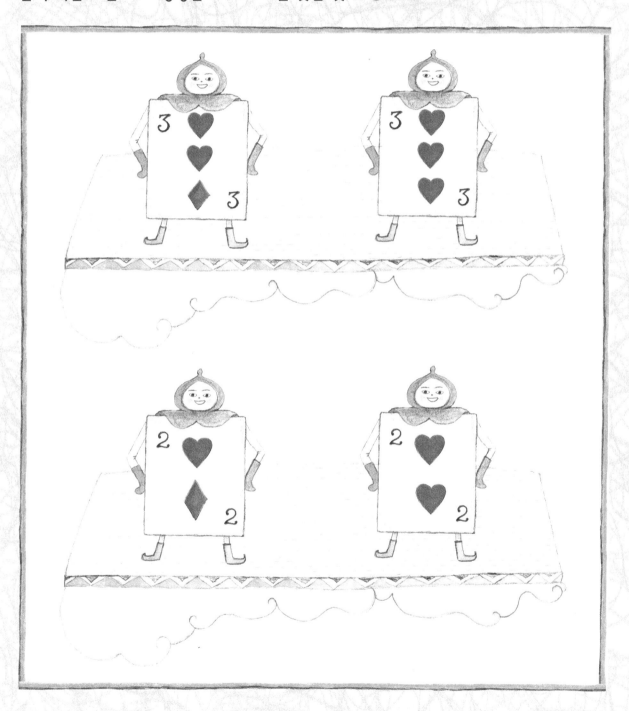

"내 토슈즈가 없어졌어!"

똘망이가 소리쳤어요.

"내 탐정 돋보기도 사라졌어!"

탐돌이도 외쳤어요.

"토슈즈와 탐정 돋보기를 찾고 싶다면,

맛있는 음식을 들고 하늘 3동 303번지로 와."

어딘가에서 목소리가 들렸어요.

"아, 하늘 유령인가 봐.

하늘에는 숨기기를 좋아하는 하늘 유령이 산댔어."

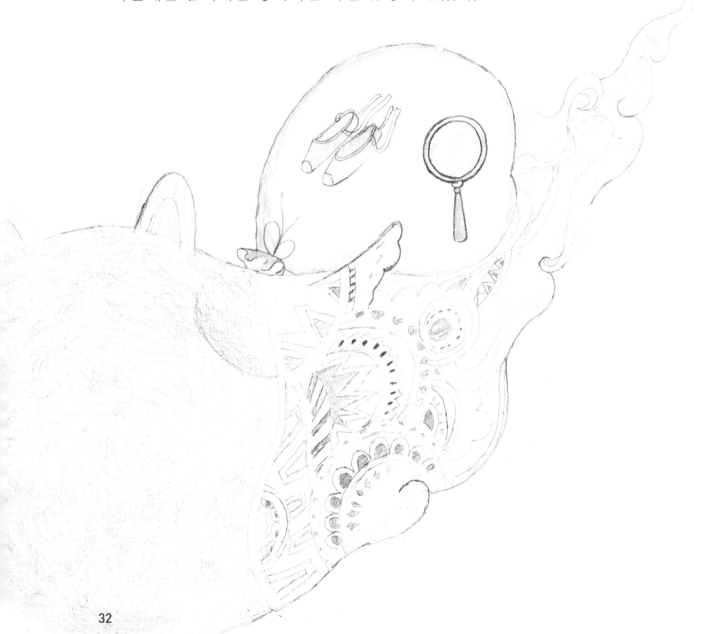

맞아요. 똘망이의 토슈즈와 탐돌이의 탐정 돋보기는

하늘 유령이 가져간 것이었어요.

하늘 유령은 남의 물건을 감쪽같이 가져가는 것 말고도

그것을 똑같이 여러 개 만들어 내는 능력이 있어요.

하늘 유령이 뒤섞어 놓은 물건들 중에서 토슈즈와 돋보기를 찾아 ◯ 하고

각각 몇 개씩인지 써 보세요.

개

개

step 1 〈보기〉를 잘 보고, 답을 찾아보세요.

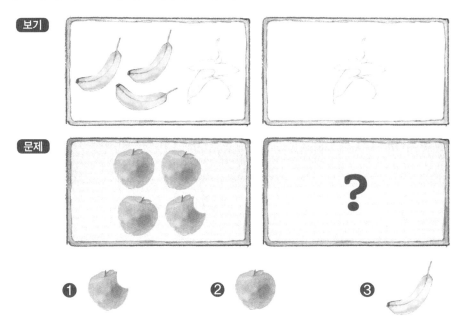

①   ②   ③

step 2 답을 찾아내기까지 생각의 과정을 꼼꼼하게 짚어 보아요.

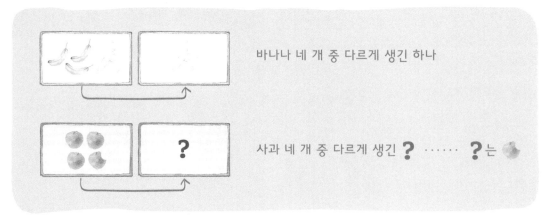

바나나 네 개 중 다르게 생긴 하나

사과 네 개 중 다르게 생긴 **?** ⋯⋯ **?**는

step 3 위에서 정리한 내용을 말로 표현해 보세요.

〈보기〉 왼쪽에 있는 바나나 네 개 중 다르게 생긴 하나를 찾은 것이 오른쪽이에요.

〈문제〉의 빈칸에는 사과 네 개 중 다르게 생긴 하나가 와야 해요.

따라서 답은 (   )번이에요.

체계적으로 비교하기

둘 이상의 사물에서 공통점과 차이점을 찾아내려면 좀 더 논리적인 사고력이 필요합니다. 비교 대상이 여럿이므로 비교한 것과 비교하지 않은 것을 구분하는, 다시 말해 체계적으로 비교하는 능력도 필요하지요.

어른의 경우, 머릿속으로 또는 실제로 종이에 적어 가며 항목별로 표시를 하거나 표를 만들어 체계적으로 비교를 할 수 있

습니다. 하지만 유아의 경우, 비교한 것을 또 비교하거나 어떤 항목은 놓치는 등 실수를 하기 쉽습니다. 이럴 때, 비교를 마친 대상에 표시를 한다거나 비교한 내용을 써 놓는 등 나름의 체계를 세워 주는 것이 좋습니다.

머리빛나 선생님의 핵심 한 줄

둘 이상의 사물을 놓고 비교할 때는 연필로 표시해 가며 헷갈리지 않도록 할 것

Mission 3
완료

특징을 말로 설명하라!

탐돌이와 똘망이는 하늘 유령이 말한 주소로 찾아가
문을 두드렸어요.
그러자 누군가의 목소리가 들려왔어요.
"이 집에 들어오려면 내가 누구인지 맞혀야 한다!
단, 질문은 다섯 개만 할 수 있다."

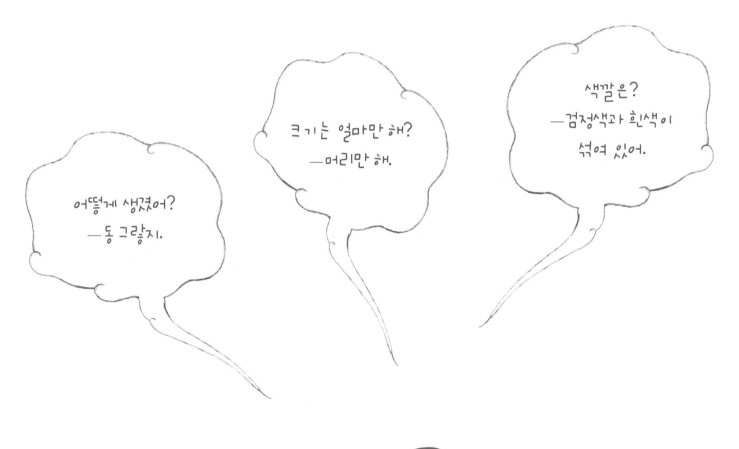

어떨 때 필요해?
—축구를 할 때
내가 꼭 필요하지.

어떻게 움직여?
—통통 구르거나
부딪히면서 다녀.

알았다, 축구공!

탐돌이와 똘망이는 하늘 유령의 집으로 들어갔어요.
시끄러운 소리가 들리는 곳으로 가 보니
부엌에서 사과와 수박이 말다툼을 하고 있었지요.
"뭐니 뭐니 해도 '과일' 하면 사과지!"
"크기로 보나 맛으로 보나 수박이 최고지!"

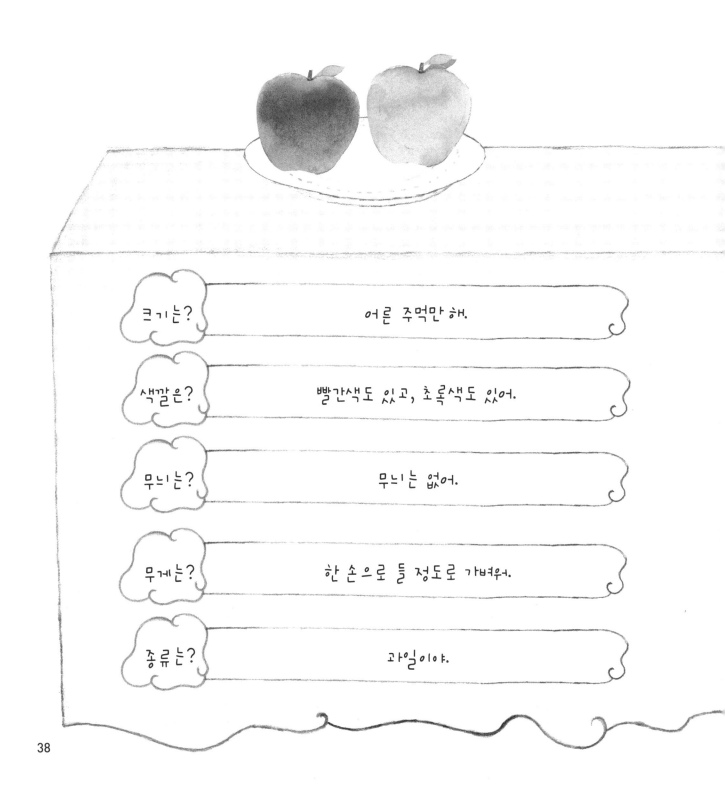

크기는? 어른 주먹만 해.

색깔은? 빨간색도 있고, 초록색도 있어.

무늬는? 무늬는 없어.

무게는? 한 손으로 들 정도로 가벼워.

종류는? 과일이야.

사과와 수박의 특징을 비교해 빈칸을 채우세요.

크기는?   어른 머리만 해.

색깔은?   _____색이야.

무늬는?   검은색 _____가 있어.

무게는?   양손으로 들기도 무거워.

종류는?   과일(열매채소)이야.

탐돌이와 똘망이는 마당으로 나갔어요.

이번에는 양와 닭이 서로 잘났다고 다투고 있지 뭐예요.

탐돌이와 똘망이가 싸움을 말리려고 나섰어요.

양과 닭의 특징을 비교해 빈칸을 채우세요.

다리는?   네 개야.

먹는 것은?   _____ 을 먹어.

사람에게 좋은 점은?   따뜻한 _____ 을 주지.

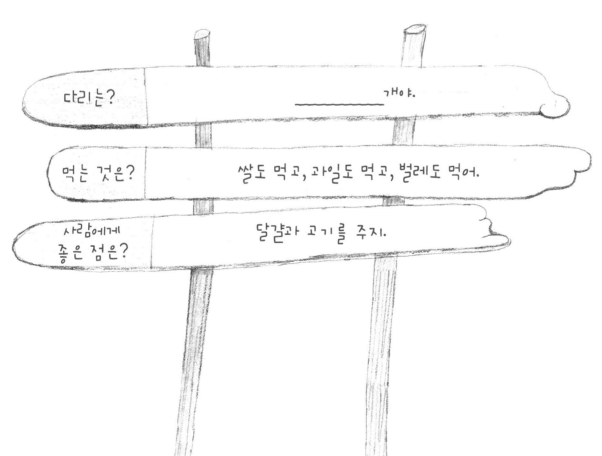

다리는? ＿＿＿＿＿＿＿개야.

먹는 것은? 쌀도 먹고, 과일도 먹고, 벌레도 먹어.

사람에게
좋은 점은? 달걀과 고기를 주지.

"으, 피곤해."

탐돌이와 똘망이는 뒷마당에 놓인 의자에 털썩 앉았어요.

뒷마당에는 자전거와 자동차가 세워져 있었지요.

자전거와 자동차의 특징을 비교해 빈칸을 채우세요.

_____에서만
다닐 수 있어.

면허증이 있어야
운전할 수 있어.

바퀴는
_____ 개야.

가스나 기름을
넣어야 움직여.

다음 특징을 읽고 무엇을 설명하는지 생각해 보세요.

그리고 빈칸에 알맞은 붙임 딱지를 붙이세요.

색깔은? 빨간색이야.

무늬는? 아무 무늬도 없어.

종류는? 과일이야.

특이한 점은? 조그만 씨가 아주 많이 박혀 있어.

나는 무엇일까?

step 1 〈보기〉를 잘 보고, 답을 찾아보세요.

step 2 답을 찾아내기까지 생각의 과정을 꼼꼼하게 짚어 보아요.

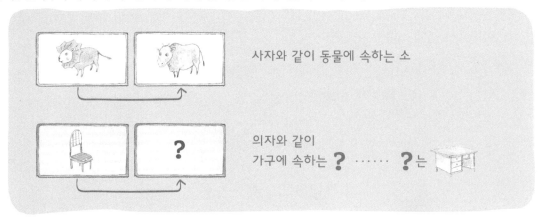

step 3 위에서 정리한 내용을 말로 표현해 보세요.

〈보기〉 왼쪽에 있는 사자와 오른쪽에 있는 소는 둘 다 동물에 속해요.

〈문제〉의 빈칸에는 왼쪽에 있는 의자처럼 가구에 속하는 것이 와야 해요.

따라서 답은 (   )번이에요.

사물을 말로 설명하기

사물을 안다는 것은 단순히 사물의 이름을 아는 것에 그치지 않고 사물이 가지는 많은 특성들, 모양이나 크기, 색깔뿐 아니라 기능이나 용도, 재질, 속하는 범주 등을 아는 것입니다. 모양이나 크기, 색깔 등은 눈에 보이지만 기능이나 용도, 범주 등은 눈에 보이지 않습니다.

사물의 보이지 않는 특성들은 '이것은 먹을 수 있고 맛은 달아.'처럼 말로 나열하면 더 쉽게 이해할 수 있습니다. 사물에 대해 더 많이 이해할수록 더 많은 특성을 찾아내겠지요. 사물의 특성을 아는 것은 다른 사물들과 비교하여 같은 특성을 가진 것끼리 분류하는 데 필요합니다.

머리빛나 선생님의 핵심 한 줄

맛이나 기능, 용도처럼 눈에 보이지 않는 특성들은 말로 표현하며 이해할 것

Mission 4
완료

닮은 꼴을 찾아라!

"하늘 유령! 배고파! 배고파!"

갑자기 시끌시끌한 소리가 들려오자

탐돌이와 똘망이는 다시 하늘 유령의 방으로 들어갔어요.

서랍장이 열려 그 안에 있던 단추들이 여기저기 튀어나와 있었어요.

"단추들! 집에 들어가 기다리고 있으면 맛있는 걸 만들어 주지."

단추들의 집은 자기와 비슷한 모양이 그려진 서랍이에요.

각 단추들과 서랍을 연결해 보세요.

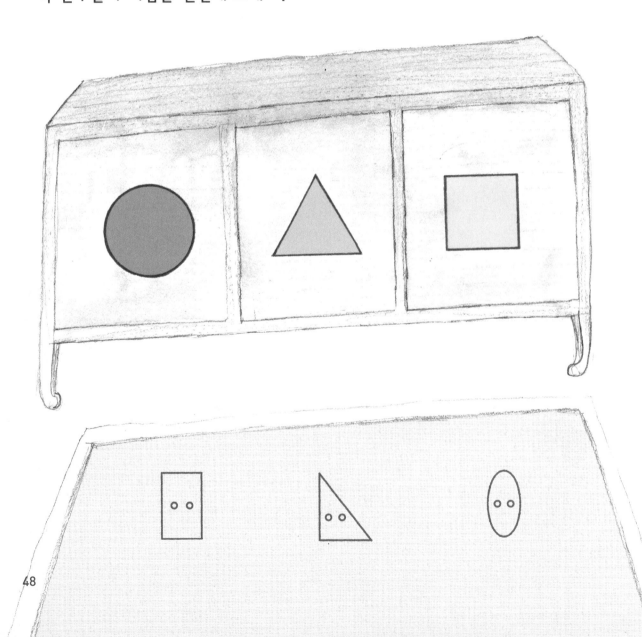

우당탕!

탐돌이가 옆에 있던 다른 서랍장을 쓰러뜨리는 바람에

서랍과 단추들이 모두 쏟아졌어요.

단추들은 자기와 비슷한 모양의 서랍에 산다고 했지요?

같은 서랍에 담아야 할 단추끼리 연결해 보세요.

단추들에게 미안했던 탐돌이와 똘망이는 맛있는 쿠키를 만들었어요.

붙임 딱지를 이용해 쿠키들을 모양이 비슷한 접시에 옮겨 주세요.

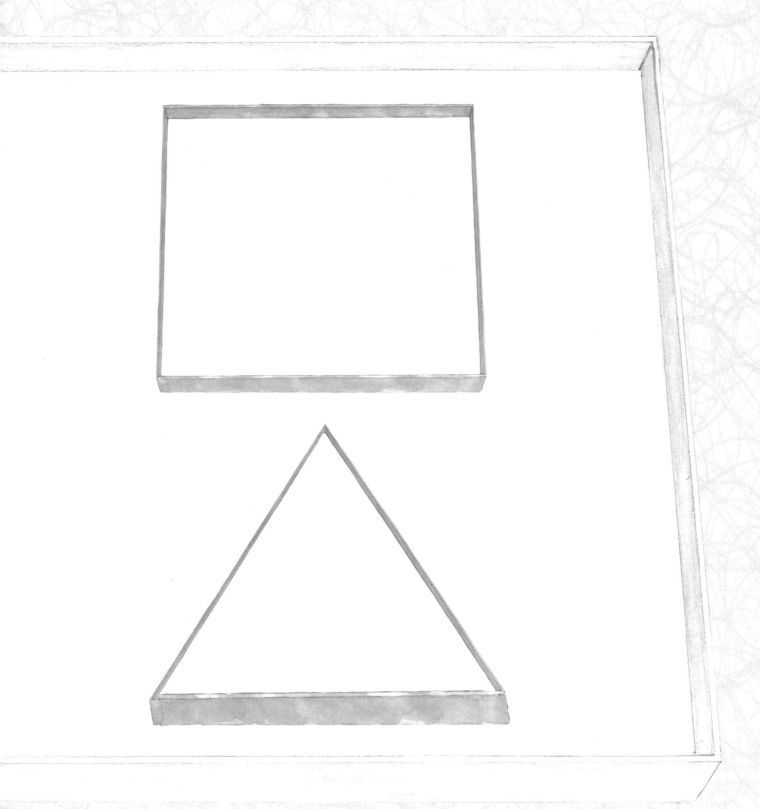

탐돌이와 똘망이는 알록달록한 색깔 쿠키도 구웠어요.

하지만 단추들은 이미 배가 불러 쿠키가 잔뜩 남았지요.

남은 쿠키를 어떻게 해야 할지 고민하자

단추들이 여러 색깔의 봉지를 가져왔어요.

"색깔대로 나누어 담으면 되겠다!"

똘망이가 말했어요.

붙임 딱지를 이용해 색깔이 같은 쿠키끼리 비슷한 색깔 봉지에 나누어 담으세요.

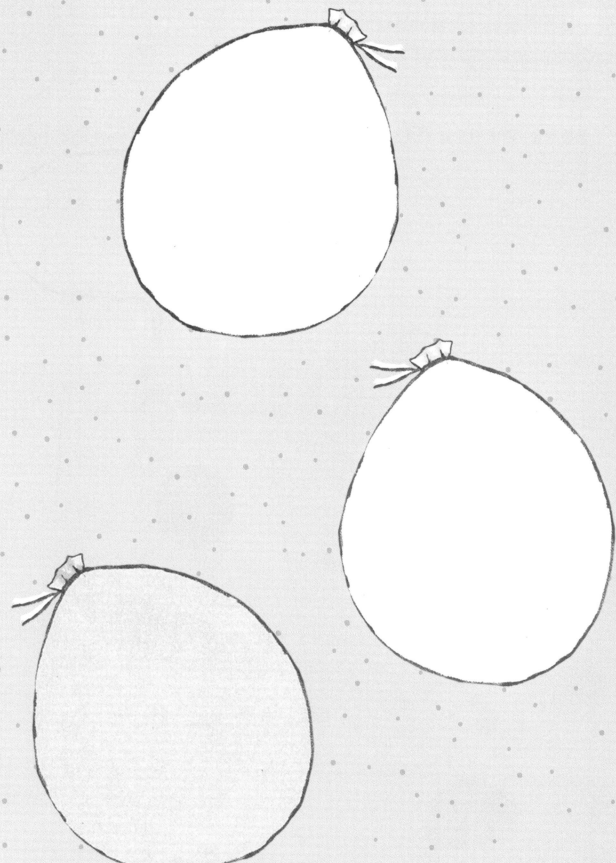

"탐돌아, 똘망아! 이제 그만 하늘 구경을 하러 가야 하지 않겠니?"

머리빛나 선생님의 목소리가 들렸어요.

탐돌이와 똘망이가 집 밖으로 나가려 하자

빨간색 원이 길을 막아섰어요.

"여기에서 나가려면 내 친구들과 나의 공통점을 맞혀 봐!"

공통점을 찾아 빈칸을 채우세요.

나와 내 친구들의 공통점은 _____ 이라는 거야.

색깔 말고 모양을 봐.

아래 도형들 사이에는 어떤 공통점이 있는지 빈칸에 써 보세요.

세 도형의 공통점은
_____ 이라는 거야.

세 도형의 공통점은
_____ 이라는 거야.

"이렇게 빨리 맞히다니. 그럼 이것도 할 수 있어?"
탐돌이와 똘망이가 하늘 유령의 집을 나가려는데
이번에는 여러 모양과 색깔 도형들이 앞을 막았어요.
"'모양대로 주머니'에 같은 모양 도형을 넣어 줘!"
붙임 딱지를 이용해 도형들을 모양에 맞추어 '모양대로 주머니'에 넣어 보세요.

탐돌이와 똘망이가 도형들을 주머니에 넣자

괜히 심통이 난 하늘 유령이

주머니를 뒤집어서 다시 도형들을 쏟았어요.

그리고는 주머니 이름을 바꿨어요.

이번에는 '색깔대로 주머니' 안에 도형들을 나누어 담아야 해요.

붙임 딱지를 이용해 도형들을 색깔에 맞추어 '색깔대로 주머니'에 넣어 보세요.

아이투브레인 Mission 5

step 1 〈보기〉를 잘 보고, 답을 찾아보세요.

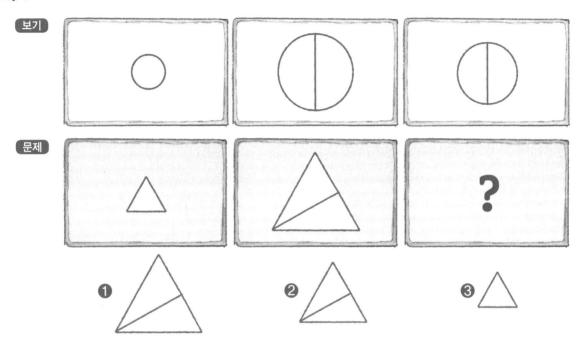

step 2 답을 찾아내기까지 생각의 과정을 꼼꼼하게 짚어 보아요.

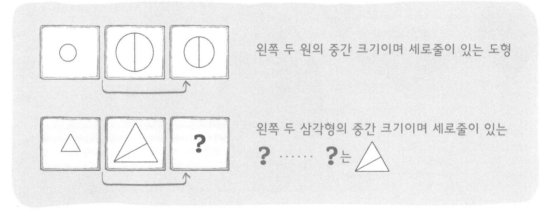

왼쪽 두 원의 중간 크기이며 세로줄이 있는 도형

왼쪽 두 삼각형의 중간 크기이며 세로줄이 있는

? …… **?** 는 △

step 3 위에서 정리한 내용을 말로 표현해 보세요.

〈보기〉 왼쪽에 있는 두 원의 중간 크기이며 세로줄이 있는 도형이 오른쪽이에요.

〈문제〉의 빈칸에는 왼쪽 두 삼각형의 중간 크기이며 세로줄이 있는 도형이 와야 해요.

따라서 답은 (   )번이에요.

58

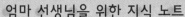
닮은 것끼리 모으기

하나의 사물이나 도형은 모양, 색깔, 크기, 용도나 기능 등 여러 가지 특성을 가지고 있습니다. 여러 사물이나 도형을 놓고 닮은 것끼리 모을 경우, 어떤 특성을 기준으로 하느냐에 따라 결과는 달라질 수 있습니다. 예를 들어 모양과 크기, 색깔이 다양한 여러 개의 쿠키를 닮은 것끼리 모은다고 생각해 보세요. 비슷한 색깔끼리 모을 수도 있고, 비슷한 모양끼리 또는 비슷한 크기끼리 모을 수도 있지요.

도형의 경우도 마찬가지입니다. 모양이라는 특성을 기준으로 한다면 삼각형과 사각형, 원은 공통점이 없습니다. 하지만 셋 다 빨간색이라면 색깔이라는 특성을 기준으로 볼 때 공통점이 있지요.

머리빛나 선생님의 핵심 한 줄

닮은꼴을 찾으려면 사물이나 도형의 공통되는 특성부터 찾아볼 것

Mission 5
완료

같은 것과 다른 것을 찾아라!

"하늘 유령의 집에서 무사히 탈출한 것을 축하한다.

이번에는 하늘 극장에 갈 거야."

푸른 하늘을 계속 날다 보니 까만 구멍이 나타났어요.

탐돌이와 똘망이는 휘리릭, 구멍으로 빨려 들어갔어요.

"하늘 극장에 오신 것을 환영해요."

극장 입구에서 맞아 주는 얼굴 중 표정이 다른 것 하나를 찾아 ○ 하세요.

하늘 극장 벽은 멋진 도형 무늬로 꾸며져 있어요.

벽지에는 두 줄로 무늬가 그려져 있었지요.

벽지 무늬를 잘 살펴보고, 각 줄에서 다른 것 하나를 찾아 ○ 하세요.

극장 안으로 들어가자 문 세 개가 보였어요.

문마다 특이한 모양이 그려져 있었지요.

"셋 중 다른 문 하나를 찾아야 안으로 들어갈 수 있습니다."

탐돌이와 똘망이는 문에 그려진 모양을 비교해 보았지요.

문 중에서 다른 것 하나를 찾아 ○ 하세요.

문을 열고 들어가자 이번에는 막 세 개가 보였어요.

"사각형, 삼각형, 원이 그려져 있네.

이번에도 셋 중에서 다른 막을 찾으면 되겠지?"

막 중에서 다른 것 하나를 찾아 ◯ 하세요.

탐돌이와 똘망이는 얼른 의자를 찾아 앉았어요.

그런데 화면을 보니 깜빡거리는 모양 세 개밖에 보이지 않았어요.

"여기서도 다른 것 하나를 찾아야 하나 봐."

"앗, 저것만 다르잖아!"

아래 그림 중 다른 것 하나를 찾아 ○ 하세요.

다른 것 하나를 찾아내자 화면이 휘리릭 바뀌었어요.

이번에는 색색의 원, 삼각형, 사각형 모양이 나타났지요.

아래 그림 중 다른 것 하나를 찾아 ◯ 하세요.

탐돌이와 똘망이가 문제를 다 풀자
하늘 극장 화면에 문이 생겼어요.
둘은 어느새 문 속으로 빨려 들어가게 되었어요.
와, 헬리콥터예요.
헬리콥터 세 대가 나란히 있는데
한 헬리콥터에만 아무것도 적혀 있지 않았어요.
헬리콥터의 빈 곳에 어울리는 것을 골라 ◯ 하세요.

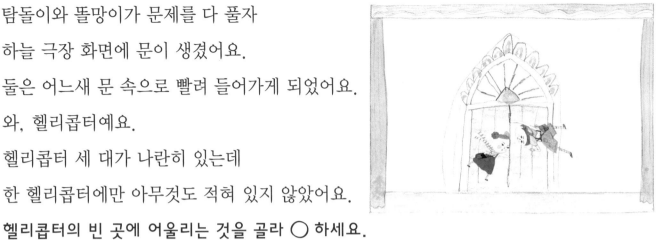

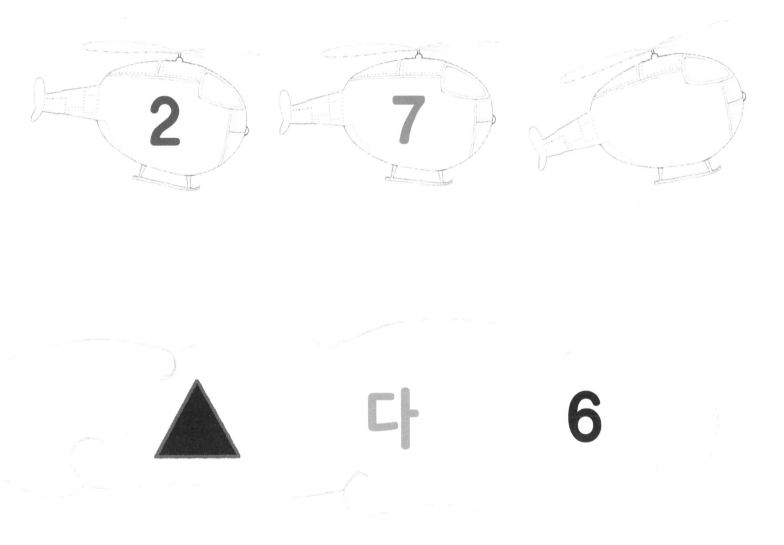

헬리콥터 세 대가 빠르게 바람을 일으키며 날아갔어요.

헬리콥터가 날아가면서

하늘 연못에 낯선 잎 하나를 떨어뜨렸어요.

원래 하늘 연못에는 한 종류의 연잎만 있어요.

헬리콥터가 떨어뜨린 잎을 찾아 ○ 하세요.

"탐돌아, 똘망아! 하늘 극장 구경 잘 했어?

이제 다른 미션을 찾아 떠날 시간이다!"

머리빛나 선생님 말씀에 탐돌이와 똘망이가 문 밖으로 나왔어요.

그런데 갑자기 화재 경보가 울렸어요.

"문 앞에 세워진 팻말의 그림과 같은 패턴을 따라가야 해!"

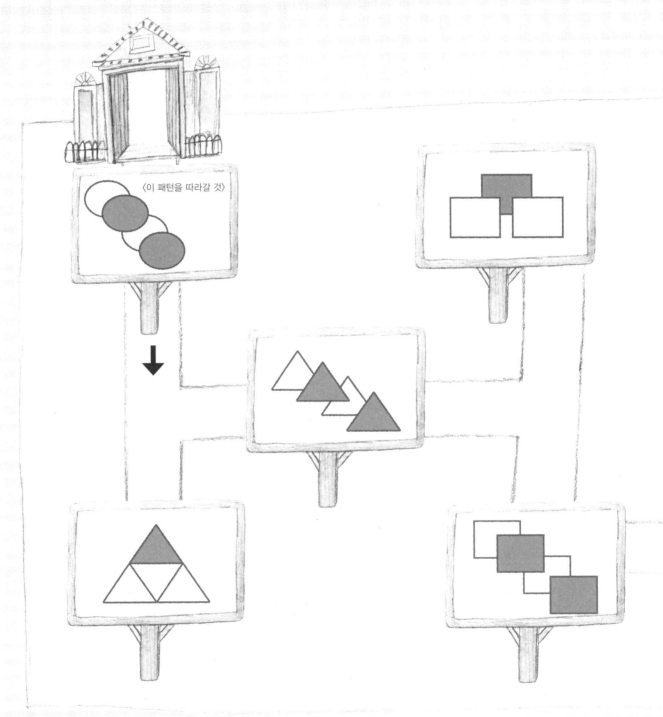

〈이 패턴을 따라갈 것〉

팻말의 그림과 같은 패턴을 따라가면서 미로를 빠져나가 보세요.

아이투브레인 Mission 6

step 1 〈보기〉를 잘 보고, 답을 찾아보세요.

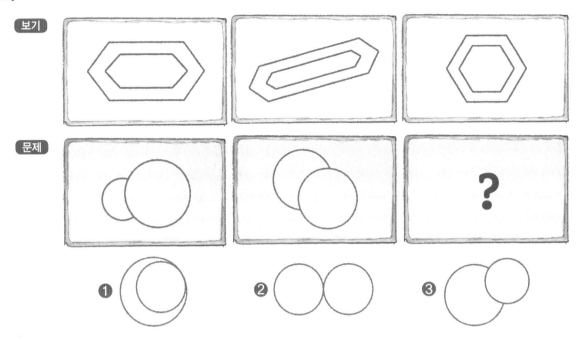

step 2 답을 찾아내기까지 생각의 과정을 꼼꼼하게 짚어 보아요.

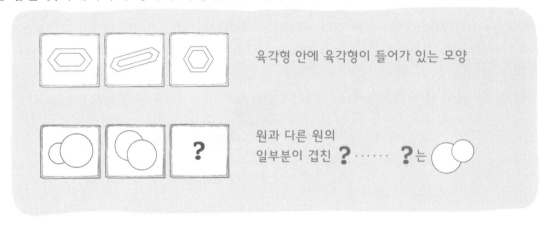

육각형 안에 육각형이 들어가 있는 모양

원과 다른 원의
일부분이 겹친 **?** …… **?** 는

step 3 위에서 정리한 내용을 말로 표현해 보세요.

〈보기〉에 있는 세 그림은 모두 육각형 안에 육각형이 들어가 있는 모양이에요.

〈문제〉의 빈칸에는 왼쪽 두 그림처럼, 원과 다른 원의 일부분이 겹친 모양이 와야 해요.

따라서 답은 (   )번이에요.

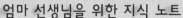
같은 것과 다른 것 찾기

기준에 따라서 나누는 활동을 분류라고 합니다. 분류의 기준은 주어지기도 하고 유아 스스로 정할 수도 있지요. 세 도형이나 그림 중에서 다른 하나를 찾는 과제는 간단하지만, 다르다는 것의 기준이 무엇인지 짚어 내는 것은 쉽지 않습니다. 도형이나 그림들의 공통점과 차이점을 찾을 때는 우선 모양이나 크기 등이 같은지 다른지 살펴보고 기능이나 의미 같은 기준으로도 따져 보아야 합니다. 헬리콥터 셋 중에서 둘에 '2'와 '7'이 적혀 있다면 나머지 하나에는 무엇이 적혀 있어야 할까요? 그림 속 '2'와 '7'은 모양도 색깔도 다르지만 '숫자'라는 공통점이 있습니다. 따라서 나머지 헬리콥터에는 숫자가 적혀 있어야겠지요. 한눈에 공통점을 발견하기 어려운 경우에는 특징을 말로 표현해 보는 것이 좋습니다. 말로 표현하려면 더 자세히 살펴봐야 하기 때문이지요.

머리빛나 선생님의 핵심 한 줄
여럿 가운데 다른 하나를 찾기 위해서는 먼저 각각의 특징을 말로 표현해 볼 것

Mission 6
완료

Mission 7 자연스러운 순서를 찾아라!

"탐돌아, 저기 봐. 말로만 듣던 요술 구름이야."
요술 구름을 타면 과거, 미래, 현재를 다 볼 수 있어요.
"나는 어릴 때 내가 어떻게 놀았는지 궁금해!"
"그럼 탐돌이 네 어린 시절로 먼저 가 볼까?"
탐돌이와 똘망이가 요술 구름에 올랐어요.

탐돌이가 변하는 모습을 잘 보고,

빈칸에 어울리는 말을 골라 번호를 쓰세요.

① 지금 네 모습이야.

② 네가 할아버지가 되었을 때 모습이야.

③ 네가 어른이 되었을 때 모습이야.

"그럼 이제 계절이 변하는 모습을 살펴볼까?"

머리빛나 선생님은 요술 구름 옆구리를 간질였어요.

요술 구름은 엉덩이를 씰룩거리더니 휙 날았어요.

덕분에 탐돌이와 똘망이는 봄에서 겨울까지

한 번에 다 만났어요.

빈칸에는 어떤 계절의 풍경이 담겨야 할까요?

계절의 차례를 잘 생각해 보고, 알맞은 그림에 ◯ 하세요.

똘망이의 겨울 일기예요.

일기를 잘 읽고, 빈칸에 차례대로 번호를 쓰세요.

아침에 일어나 빵과 우유를 먹고 나서 그림을 그렸다.

오후에는 탐돌이와 눈싸움을 했다.

저녁에는 아빠와 산책을 했다.

요술 구름이 어느 뜰 앞에서 우뚝 멈춰 섰어요.

그러자 신기한 일이 벌어졌어요.

사과나무 새싹이 눈 깜짝할 사이

쑥쑥 올라오는 거예요.

빈칸에 알맞은 사과나무 그림을 골라 ○ 하세요.

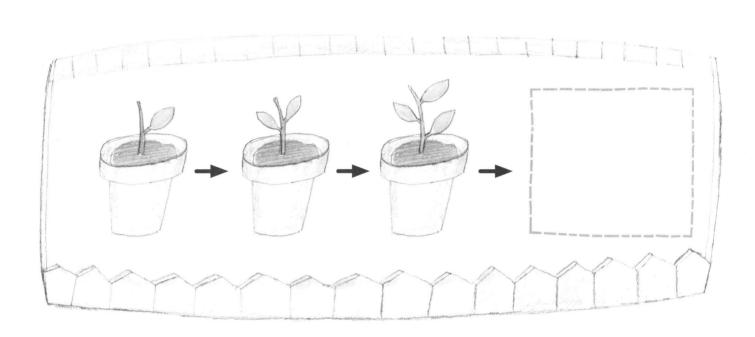

드디어 나무에 빨간 사과가 주렁주렁 맺혔지요.

똘망이가 사과를 한 입 먹었어요.

먹을수록 사과는 점점 작아져요.

빈칸에 알맞은 사과 그림을 골라 ◯ 하세요.

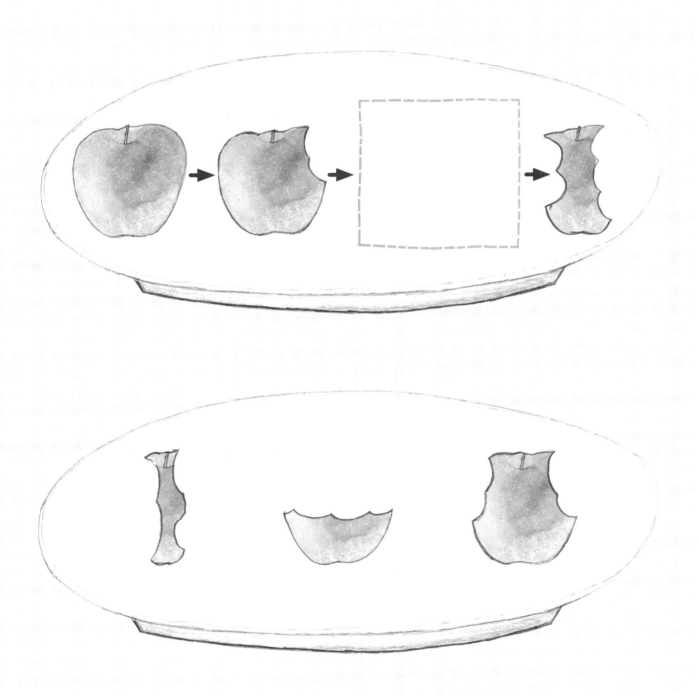

이번에는 요술 구름이 어느 집 위를 지나게 되었어요.
그 순간 갑자기 비가 쏟아지더니
집이 점점 물에 잠기기 시작했어요.
"집이 완전히 물에 잠겨 버렸어!"

"걱정 마. 내가 물을 빨아들여 볼게!"

요술 구름이 힘껏 물을 빨아들이자

물이 점점 줄어들더니 집이 원래 모습으로 돌아왔어요.

빈칸에 알맞은 그림을 골라 ◯ 하세요.

요술 구름은 물을 잔뜩 빨아들인 탓에 무거워졌어요.

그래서 얼마 가지도 못하고 자꾸 멈춰 섰지요.

"저기 보이는 컵에다 물을 쏟아 내면 어떨까?"

탐돌이의 말에 요술 구름이 얼른 컵에 물을 쏟아 냈어요.

비어 있던 컵에 물이 점점 차올랐어요.

빈칸에 알맞은 그림을 골라 ◯ 하세요.

요술 구름이 다시 길을 가다가 콜록콜록 기침을 했어요.

지나가던 타일 바닥에 물이 쏟아졌지요.

물이 쏟아진 부분의 크기가

가장 작은 것부터 차례대로 번호를 써 보세요.

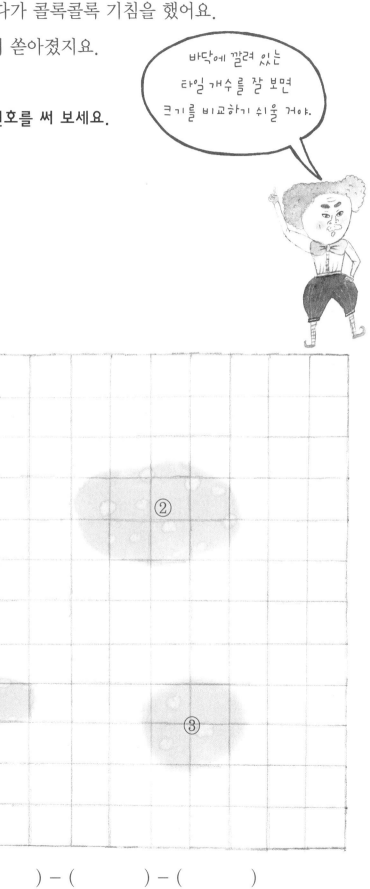

바닥에 깔려 있는
타일 개수를 잘 보면
크기를 비교하기 쉬울 거야.

(   ) – (   ) – (   )

step 1 〈보기〉를 잘 보고, 답을 찾아보세요.

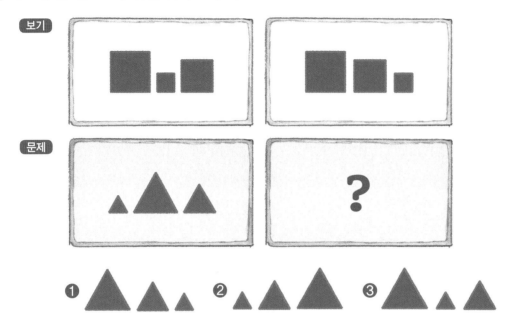

step 2 답을 찾아내기까지 생각의 과정을 꼼꼼하게 짚어 보아요.

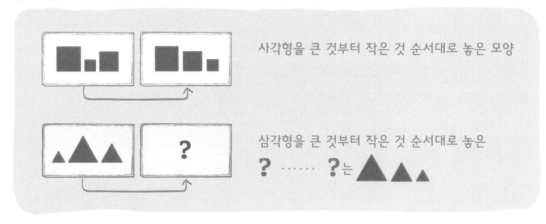

사각형을 큰 것부터 작은 것 순서대로 놓은 모양

삼각형을 큰 것부터 작은 것 순서대로 놓은

? …… ?는 ▲▲▲

step 3 위에서 정리한 내용을 말로 표현해 보세요.

〈보기〉 왼쪽의 사각형들을 큰 것부터 작은 것 순서대로 놓은 것이 오른쪽이에요.

〈문제〉의 빈칸에는 왼쪽 삼각형들을 큰 것부터 작은 것 순서대로 놓은 것이 와야 해요.

따라서 답은 (   )번이에요.

순서 짓기

유아 수학에서는 일정한 기준에 따라 순서대로 나열하는 것을 서열화라고 부릅니다. 쉬운 말로 표현하면 순서 짓기이지요. 사물이나 도형의 경우, 큰 것부터 작은 것까지, 수가 많은 것부터 적은 것까지 차례차례 나열하는 활동을 예로 들 수 있습니다. 상황이나 사건이 벌어진 순서에 따라 나열하는 것도 서열화의 하나이지요.

서열화를 잘하기 위해서는 먼저 주어진 요소들의 관계를 파악해야 합니다. 예를 들어 활짝 핀 개나리, 피서 하는 아이, 눈사람 그림이 나란히 놓여 있을 때 주어진 요소들은 모두 계절을 대표한다고 할 수 있습니다. 개나리는 봄, 피서는 여름, 눈사람은 겨울을 대표하지요. 그러므로 계절의 순서에 맞게 그림을 완성하려면 피서 하는 아이와 눈사람 사이에 가을을 대표하는 그림이 들어가야겠지요.

머리빛나 선생님의 핵심 한 줄

서열화를 하려면 먼저 주어진 요소들의 관계를 파악하고 이것을 순서에 맞게 적용할 것

Mission 7
완료

모양 속 규칙을 찾아라!

"하늘에 소풍을 왔는데 하늘 대왕의 궁전을 빠뜨릴 수야 없지."

탐돌이와 똘망이는 하늘 궁전의 웅장한 모습에

입이 딱 벌어졌어요.

입구부터 멋진 모양들이 반복되고 있었는데,

무척 아름다웠어요.

84

"저를 따라오세요."

탐돌이와 똘망이는 안내원을 보자마자 외쳤어요.

"잠깐만요! 화장실부터요."

하늘 궁전은 화장실 타일도 반복되는 모양으로 되어 있어!

하늘 대왕 방은 어떻게 생겼을까?

탐돌이와 똘망이는 하늘 대왕의 방을 찾아갔어요.

"왕의 방이니 아마 가장 아름답겠지?"

"으악!"

탐돌이는 주변을 두리번거리다가

구덩이에 풍덩 빠지고 말았어요.

똘망이도 구덩이 아래로 뛰어들었어요.

탐돌이와 똘망이가 떨어진 곳은 선물 상자가

줄줄이 놓인 방이었어요.

상자가 놓인 규칙을 찾아

빈 곳에 알맞은 붙임 딱지를 붙이세요.

탐돌이가 선물 상자 하나를 풀었어요.

그러자 기다란 뱀 인형이 툭 튀어나왔어요.

뱀 인형 몸에는 알록달록한 무늬가

규칙적으로 반복되고 있었어요.

그런데 가만히 보니 무늬가 빠져 있는 곳이 있었지요.

빈 곳에 알맞은 붙임 딱지를 붙이세요.

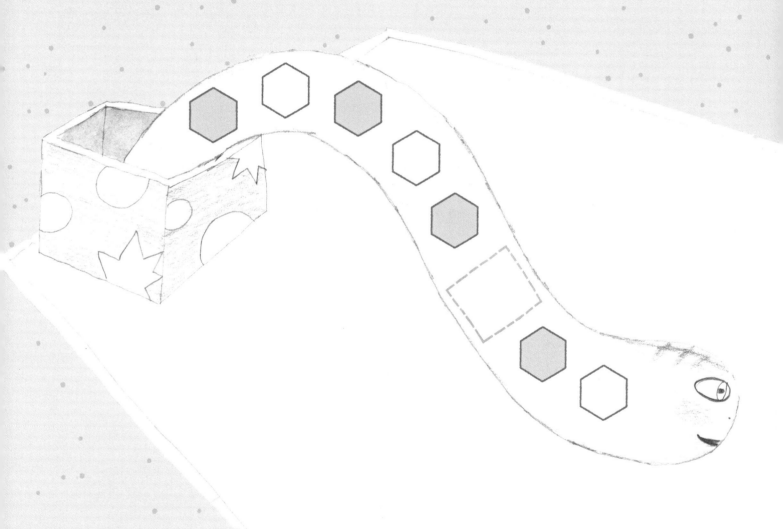

탐돌이는 하늘 대왕의 방으로 들어갔어요.

"우아, 벽에 멋진 무늬들이 가득해."

그런데 어디선가 흑흑 슬프게 우는 소리가 들렸어요.

"내가 없는 사이 누군가 내가 아끼는 무늬들을 떼어 갔어."

하늘 대왕이 말했어요.

벽지 무늬를 잘 보고, 빈 곳에 알맞은 무늬를 골라 ◯ 하세요.

무늬를 다 완성하자 벽이 스르륵 열렸어요.

벽 안쪽에는 하늘 대왕의 옷이 가득했어요.

하늘 대왕은 똑같은 옷을 여러 벌 갖고 있었지요.

옷장을 잘 보고,

빈 곳에 알맞은 옷을 골라 ◯ 하세요.

하늘 대왕의 신발장에는 멋있는 신발이 많이 있네요.

신발장을 잘 보고,

빈 곳에 알맞은 신발을 골라 ◯ 하세요.

탐돌이와 똘망이는 복도로 나왔어요.

복도 벽에는 그림들이 걸려 있었어요.

그림들을 잘 보고, 빈 곳에 알맞은 그림을 골라 ◯하세요.

탐돌이와 똘망이는 궁전 뒷마당에도 가 보았어요.

개, 고양이, 토끼, 돼지가 규칙적으로 자리를 잡고 있었지요.

"하늘 궁전에서는 동물들도 규칙을 따르기를 좋아하나 봐."

그런데 어쩐 일인지 비어 있는 자리도 있었어요.

빈 곳에 있어야 할 동물의 이름을 써 보세요.

"저기 봐! 새들이 어디로 가고 있어."

똘망이가 소리를 쳤어요.

"우리도 따라가 보자!"

과연 저 새들은 탐돌이와 똘망이를 어디로 데려갈까요?

step 1 〈보기〉를 잘 보고, 답을 찾아보세요.

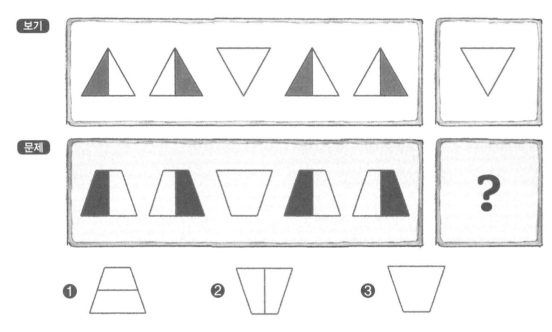

step 2 답을 찾아내기까지 생각의 과정을 꼼꼼하게 짚어 보아요.

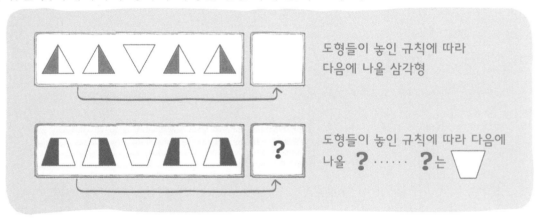

도형들이 놓인 규칙에 따라
다음에 나올 삼각형

도형들이 놓인 규칙에 따라 다음에
나올 **?** ······ **?**는

step 3 위에서 정리한 내용을 말로 표현해 보세요.

〈보기〉 왼쪽의 도형들이 놓인 규칙에 따라 다음에 나올 모양이 오른쪽 삼각형이에요.

〈문제〉의 빈칸에는 왼쪽 도형들이 놓인 규칙에 따라 다음에 나올 모양이 와야 해요.

따라서 답은 (   )번이에요.

규칙 찾아내기

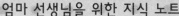

봄, 여름, 가을, 겨울 순서로 오는 계절의 변화처럼 자연적인 규칙이 있고, 요일이나 날짜처럼 사람이 만든 인공적인 규칙도 있습니다. 우리 주변에서 가장 쉽게 볼 수 있는 규칙의 예로는 도로나 건물의 모양 속 규칙을 들 수 있지요. 건널목에는 흰색과 검은색이 반복되어 있고, 보도블록이나 타일 등에도 일정한 모양이 반복되어 있는 것을 볼 수 있습니다.

모양 속 규칙을 찾아내려면 모양을 이루는 각각의 요소를 잘 관찰해야 합니다. 그런 다음 각각의 요소들이 어떤 순서로 나열되어 있는지 파악하세요. 예를 들어 뱀의 무늬를 보고 '노랑-보라-노랑-보라' 하고 말로 표현하다 보면 쉽게 규칙을 파악할 수 있습니다.

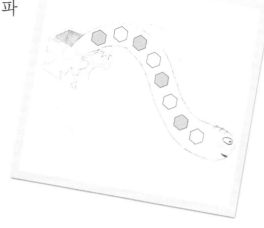

머리빛나 선생님의 핵심 한 줄

모양 속 규칙을 찾아내려면 각각의 요소가 어떤 순서대로 나열되었는지 관찰할 것

Mission 8
완료

아이 투 브레인 Eye to Brain ❷
정답

Mission 1

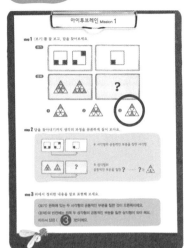

Mission 2

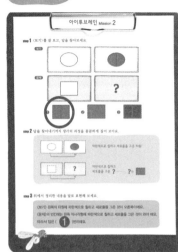

Mission 3

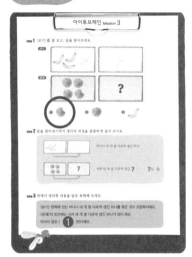

Mission 4

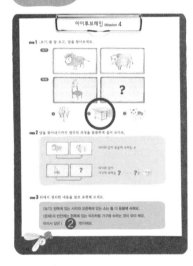

Mission 5

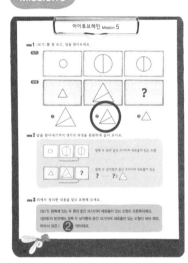

Mission 6

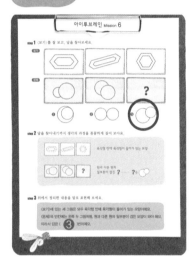

Mission 7

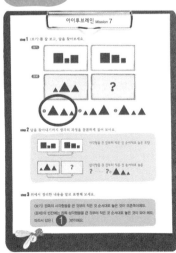

Mission 8

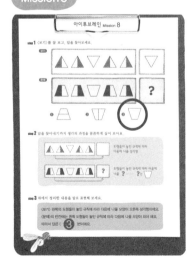

Mission 2 19쪽

Mission 4 44쪽

Mission 4 45쪽

Mission 5 50, 51쪽

Mission 5 53쪽

Mission 7 56, 57쪽

Mission 8 86쪽

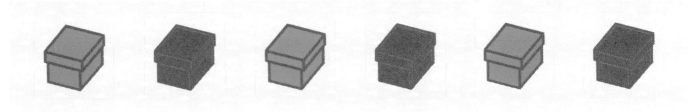

Mission 8 87쪽

각 미션을 마친 뒤 해당 자리에 붙이세요.

13쪽

Mission 1
완료

25쪽

Mission 2
완료

35쪽

Mission 3
완료

47쪽

Mission 4
완료

59쪽

Mission 5
완료

71쪽

Mission 6
완료

83쪽

Mission 7
완료

95쪽

Mission 8
완료